石油石化企业劳动防护用品系列口袋书

皮肤、应急救援类防护

中国石油化工集团有限公司安全监管部
中国石油化工集团有限公司劳动防护用品检测中心
组织编写

中国石化出版社

内容提要

本书是《石油石化企业劳动防护用品系列口袋书》丛书之一，采用漫画与文字相结合的形式对石油石化企业主要的皮肤伤害危害因素、主要的劳动护肤用品、常用的应急救援类装备及其使用维护保养等知识进行描述，图文并茂，适合作为石油石化企业一线员工培训教材。

图书在版编目（CIP）数据

石油石化企业劳动防护用品系列口袋书．皮肤、应急救援类防护 / 中国石油化工集团有限公司安全监管部，中国石油化工集团有限公司劳动防护用品检测中心组织编写．—北京：中国石化出版社，2020.8

ISBN 978-7-5114-5876-6

Ⅰ．①石…　Ⅱ．①中…　②中…　Ⅲ．①石油企业－个体保护用品　Ⅳ．① X924.4

中国版本图书馆 CIP 数据核字 (2020) 第 127889 号

中国石化出版社出版发行

地址：北京市东城区安定门外大街 58 号
邮编：100011　电话：(010) 57512500
发行部电话：(010) 57512575
http://www.sinopec-press.com
E-mail:press@sinopec.com
北京富泰印刷有限责任公司印刷
全国各地新华书店经销
*
787 × 1092 毫米 32 开本 2.5 印张 32 千字
2020 年 8 月第 1 版　2020 年 8 月第 1 次印刷
定价：25.00 元

《石油石化企业劳动防护用品系列口袋书》

编 委 会

《皮肤、应急救援类防护》编委会

序

劳动是整个人类生活的第一个基本条件，它既是人类社会从自然界独立出来的基础，又是人类社会区别于自然界的标志。由于安全是人的最基本的生理需求，所以自生产劳动之始，劳动保护措施和劳动防护用品就应运而生，这是古代劳动人民对生产劳动中无数次血的教训的总结。我国在西周至西汉时期采矿和炼铜业已相当发达，在巷道支护、矿石运输、通风、排水等各个方面都采取了安全措施，如采用了框架式支护技术防止冒顶片帮。北宋建筑学家喻皓主持建造11层的汴京开宝寺塔时，每一层都设置一帷幕，起到了安全网的作用。第一次工业革命以后，广泛的生产机械化对劳动保护提出了更高要求，而我国这一时期的劳动保护工作随着社会整体生产水平一起远远落后于西方国家。

改革开放以来，我国社会生产力不断快速发展，劳动保护工作愈来愈得到重视，伴随而来的是市场上劳动防护用品种类、性能、质量、舒适性等都在飞速进步。不管是国际知名品牌的劳动防护用品，还是我国自主品牌的劳动防护用品，为最大程度发挥保护作用，都针对员工的具体工作环境，向着所需防护功能集合化、智能化发展。这就对员工选择、使用、维护保养防护用品提出了更高要求。目前，我国劳动保护工作与世界发达国家存在差距，很重要的一部分就是对员工的基础培训不到位，能够正确选择、使用、维护保养防护用品的员工在全部劳动者中占比偏低，这成为了劳动保护工作的短板。

石油石化行业危险性高，危害因素复杂，是需要落实劳动保护工作的重点领域。鉴于此，中国石油化工集团有限公司安全监管部会同劳动防护用品检测中心组织人员编写了《石油石化企业劳动防护用品系列口袋书》。本系列口袋书按照劳动防护用品的分类进行编写，对目前员工常用的劳动防护用品的相关知识进行描述，主要包括劳动防护用品的选用原则、正确使用方法、维护保养方法、使用周期、相关标准以及具体案例，并配以简单易懂的图片，方便劳动者理解和使用。

希望本系列口袋书能够为石油石化行业劳动者合理选择使用劳动防护用品提供指导和帮助，更好地保护劳动者的生命安全和健康。

前 言

在石油石化企业生产作业过程中，员工所接触的环境因素和生产过程中所存在的危害因素可能会给员工带来皮肤伤害，如烧伤、晒伤、蚊虫叮咬等。在作业过程中也可能会发生紧急情况，如火灾、有毒气体泄漏、爆炸、塌方、高空被困等；危害因素主要有高温、有毒气体、烧伤、物体打击、机械伤害等。这些紧急情况通常都会引起比较严重的后果，对救援人员与被营救人员的生命产生极大的威胁。因此，只有必须配备并正确使用完备的应急救援用品，才能避免和减少人员伤亡。

鉴于此，为了让员工掌握石油石化企业所存在的皮肤职业危害及其防护知识和应急救援类防护相关知识，本书就如下问题进行了详细描述。

- 皮肤防护用品有哪几种？
- 如何选用不同类别的应急救援类装备和皮肤防护用品？
- 如何正确佩戴使用应急救援类装备？
- 如何正确穿戴躯干部、坠落类防护用品？
- 应急救援类装备的维护保养及存放应注意哪些事项？

目录

第一部分　皮肤防护

第二部分　应急救援类防护

第一部分

皮肤防护

1 危害因素

在石油石化企业生产过程中，岗位员工的皮肤容易受到酸碱腐蚀和蚊虫叮咬。这是由于环境中过高（低）的温度、湿度和紫外线等因素的伤害引起的，这些伤害普遍存在于石油石化行业诸多岗位中。

酸碱腐蚀

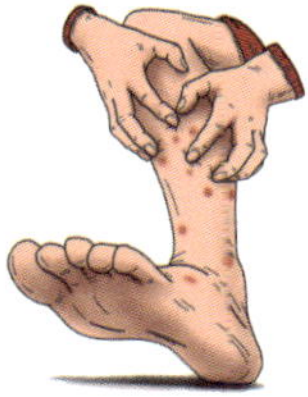

蚊虫叮咬

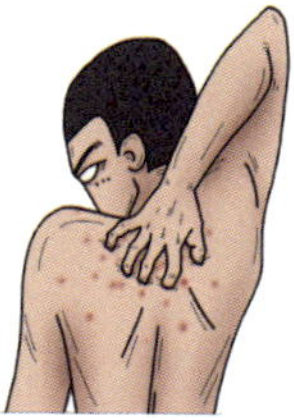

潮湿作业

紫外线晒伤

2 护肤剂的分类与选择

常用劳动护肤剂分为六种类型，其相关性能指标如表 2-1 所示。

表 2-1 常用护肤剂性能指标一览表

类 别	用 途	相关指标	举 例
防水型护肤剂	能在皮肤上形成疏水性薄膜，以遮盖毛孔，防止水溶性物质损害的护肤剂	防皲裂有效率： ≥ 90% 为高效； ≥ 80% 为有效； < 80% 为低效； < 60% 为无效	潮湿作业用的护肤膏（霜） 防酸护肤膏（霜）
防油型护肤剂	涂抹在皮肤上，能形成耐油性薄膜的护肤剂	同防水型护肤剂	漆类作业护肤膏（霜） 防矿物油护肤膏（霜）
遮光型护肤剂	涂抹在皮肤上，具有防御紫外线等辐射的护肤剂，主要用于日照工作环境下的施工防晒保护	防晒指数应不小于 10	沥青作业护肤剂 防强光护肤剂 防晒霜
洁肤型护肤剂	清除皮肤上的油、尘、毒等沾污所用的护肤剂	去污时间应小于 120s	护肤洗涤剂
驱避型护肤剂	一般用于野外作业环境下工作人员的防护	有效保护时间应不小于 6h	驱蚊剂
其他用途型护肤剂	具有其他用途的护肤剂	同防水型护肤剂	劳动护肤霜

3

护肤剂的使用与储存

1. 使用方法

（1）使用前需清洁皮肤。

（2）待干燥后均匀涂抹在需要防护的皮肤上，稍加按摩。

（3）遮光型护肤剂需要在暴露于阳光之前的 15~30min 前涂抹。

（4）若不慎入眼，需立即用清水或温水冲洗干净。

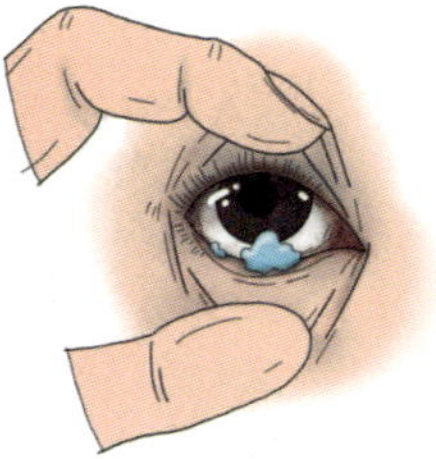

2. 防水型护肤膏（霜）

（1）该类防护膏含油脂较多，常见的有白凡士林，能预防酸、碱、盐类溶液对皮肤所引起的皮炎。

（2）该类防护膏适用于加药、化验、酸碱操作等作业场所，需密闭、避光保存。

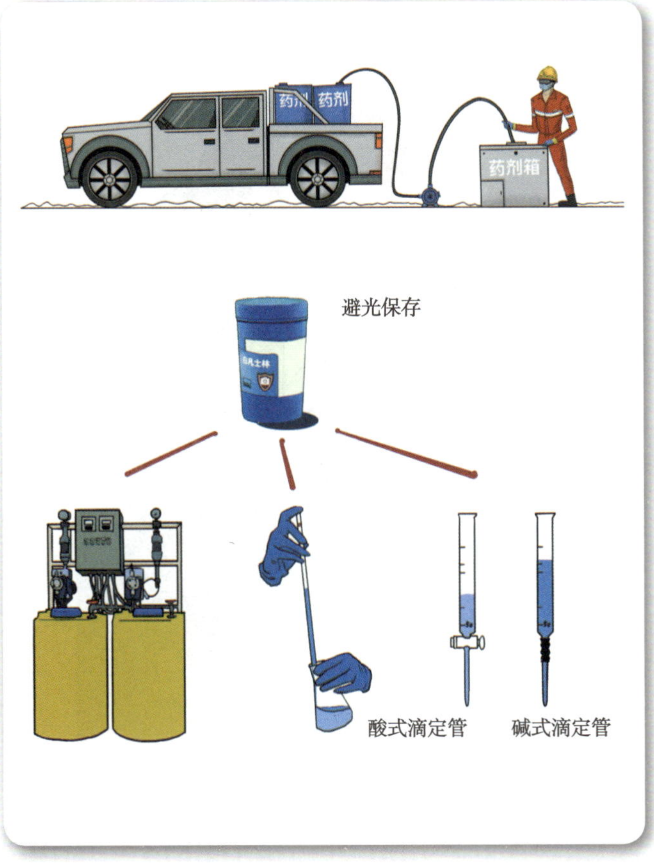

（3）由于这类防护膏具有一定黏着性，因此不宜在有尘毒的作业环境中使用。

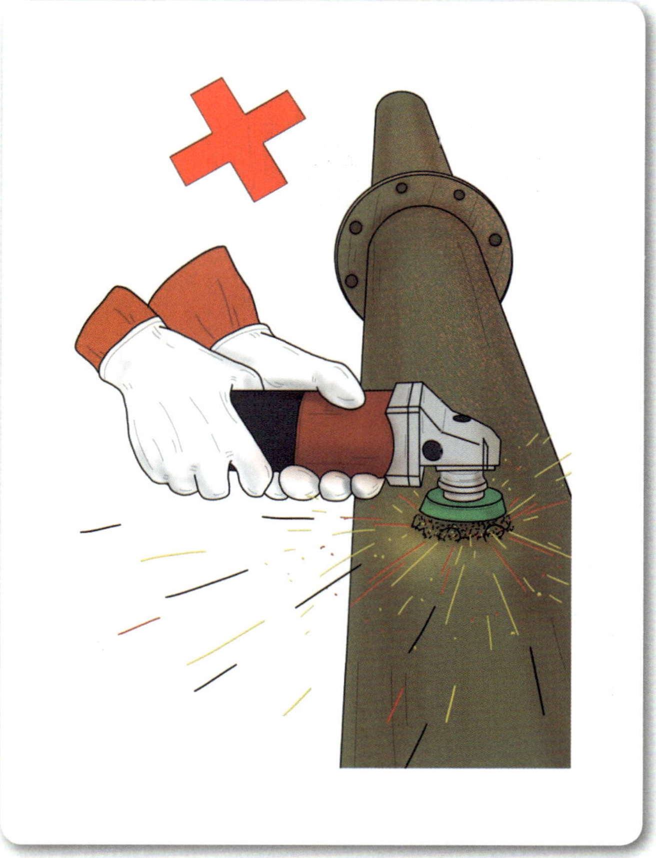

3. 防油型护肤剂

（1）此类型护肤剂对防御机械油、矿物油、石蜡等引起的职业性痤疮等有一定效果。

（2）适用于钻井作业、井下作业、采油、油品装卸、石油分馏等作业场所。

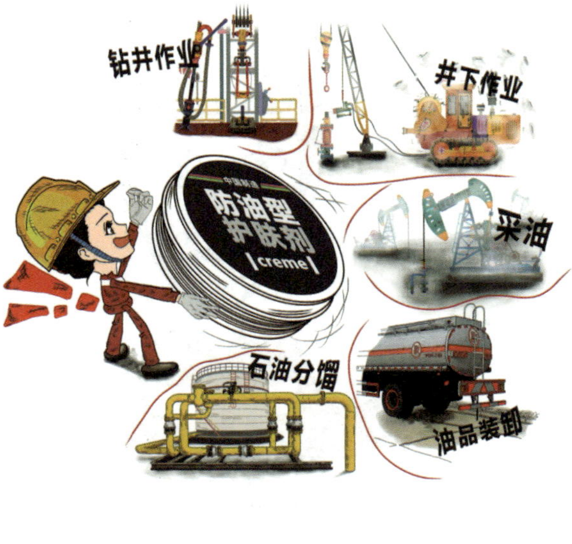

（3）这种防护膏含油分较少，长时间不盖紧存放，会因水分蒸发而变硬固化。

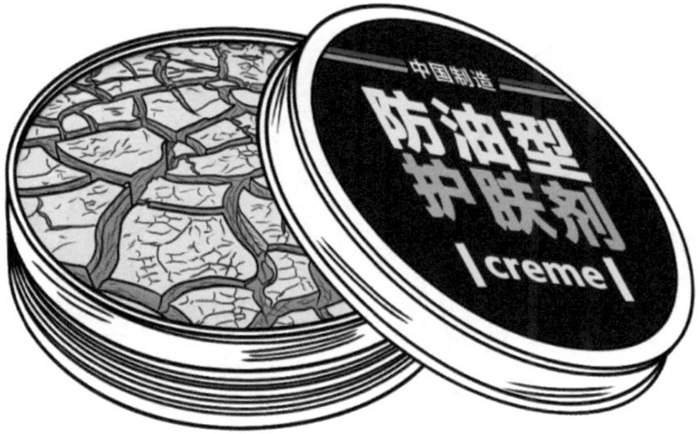

4. 遮光护肤膏

（1）沥青作业护肤剂

● 光敏性物质（如沥青、焦油等）黏附在皮肤上时，再经光线照射后会引起皮肤发炎和刺痛。

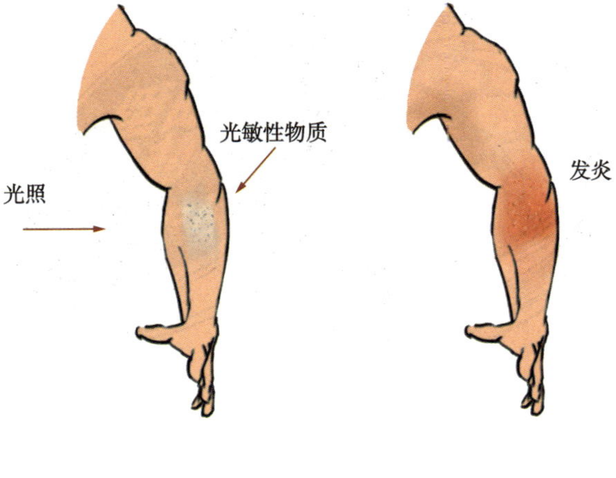

• 遮光型防护膏能防止光敏物质附着于皮肤上，还可以遮断光线。根据遮光原理遮光型防护膏分为两类：一类物质通过它能反射光的性质来遮断光线，主要有氧化锌、二氧化钛软膏等，这种物质遮光效果较好，防护膏呈白色，涂抹在脸上呈现一层白粉；另一类物质是对光有吸收作用，如盐酸奎宁、柳酸苯酯、阿地平等。

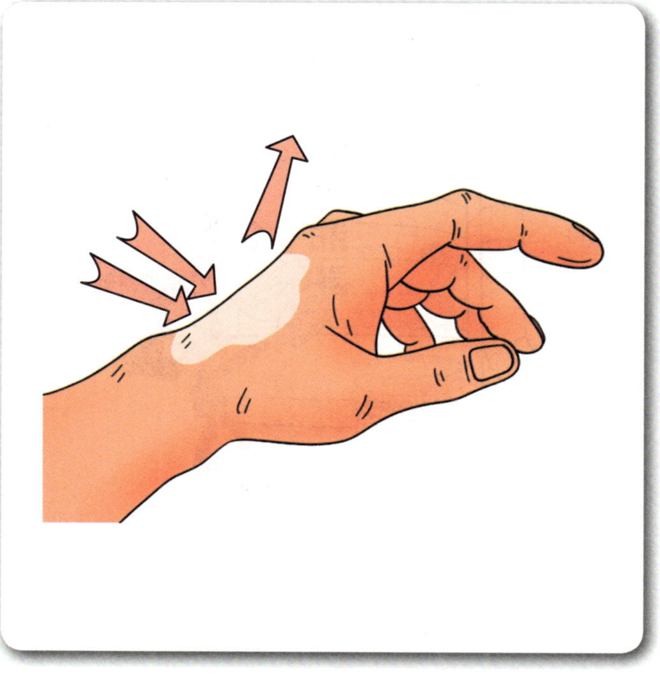

● 遮光型护肤膏适用于炼化企业中的沥青、焦油作业人员，可以预防接触沥青并暴露于日光下引起的光毒性皮炎，还可用于日光性皮炎及被激光照射过的皮肤护理。需要遮光，在密封干燥处保存。

（2）防强光护肤剂、防晒霜

● 能抵御紫外线伤害，防止晒伤，适用于野外作业、巡线、量油作业、安全检查等人员。

● 储存时避免阳光直射。

● 不要混合使用不同品牌的防晒霜。

5. 洁肤型护肤剂

（1）皮肤清洗液

• 对各种油污和尘垢有较好的除污作用，对皮肤无毒、无刺激且能滋润皮肤。

• 适用于机械维修、机床加工、石油开采、原油提炼、设备清洗等场所。

• 使用时先使皮肤充分淋湿，取适量原液，揉搓需要清洗的皮肤处，彻底冲尽、擦干。

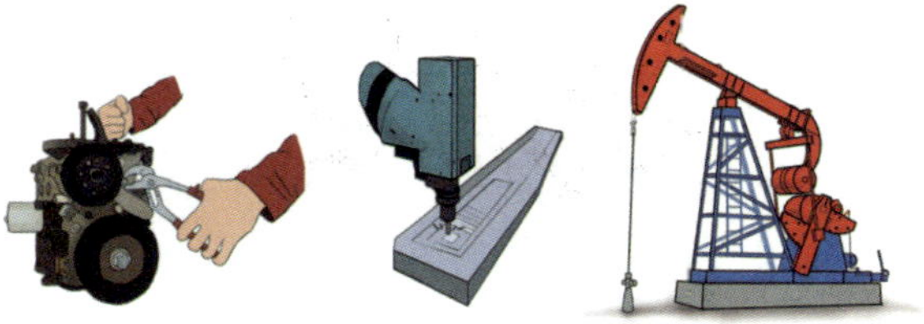

（2）皮肤干洗膏

● 适用于在无水情况下，去除手上的油污，如巡线工在途中检修排除故障，及部分野外勘探等环境。

● 使用时将干洗膏涂抹在需要清洁的部位上，用干净的纸巾轻柔擦拭，去除油污。

● 皮肤清洗液和皮肤干洗膏应置于阴凉、通风良好处，避光保存。

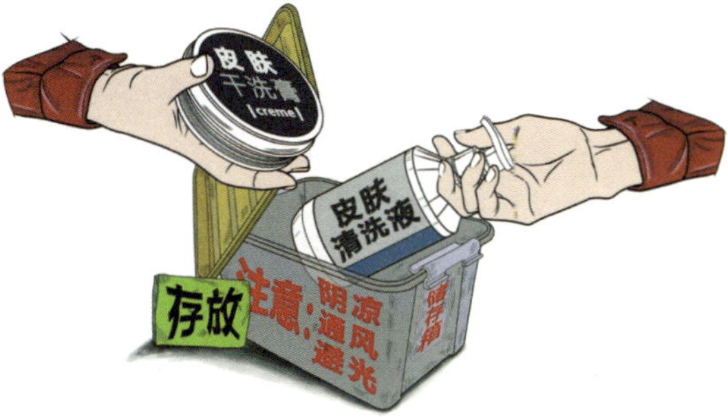

6. 驱避型护肤剂

常用的驱避型护肤剂有避蚊胺、驱蚊酯等，可以防止蚊、蠓、蚋等虫子叮咬，使用时直接喷涂于需要防蚊防虫的皮肤上，稍加按摩即可，立即见效。适用于野外作业人员和夜间作业人员。

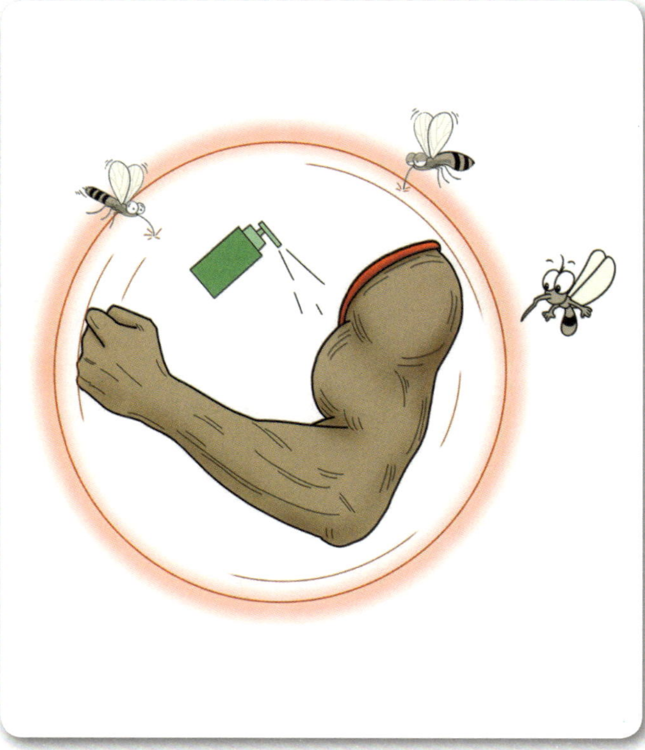

7. 其他用途型护肤剂

常见的劳动护肤霜，通常在接触有害物质后使用，它可以加快皮肤表皮的愈合、恢复，适用于各类劳动作业人员，用法同防水、防油型护肤剂。

第二部分

应急救援类防护

1

概述

石油石化行业职业范围广，生产连续性强，原料及产品多为易燃易爆、有毒有害、有腐蚀性的物质，不可避免地存在着各种危险因素。因此，事故的应急救援是必不可少的。常用的应急救援类防护装备有正压式空气呼吸器、四合一气体检测仪等等。

标准使用场景如下所示：

2

应急救援类防护装备的分类与选择

类　别	名　称	主要用途	图　示
冷却掩护装备	消防雪炮	降低环境温度	
	通风排烟设备	排烟送风	
气防装备	多功能气防车	有毒有害气体泄漏现场处置	
	移动充气车	为空气呼吸器充装压缩空气	
	空气呼吸器充气机	为气瓶充装压缩空气	
	正压式空气呼吸器	缺氧或有毒有害气体现场作业时的个人呼吸防护	

续表

类别	名称	主要用途	图示
环境监测装备	硫化氢检测仪、二氧化硫检测仪、氯气检测仪	能自动检测现场硫化氢、二氧化硫、氯气含量并进行报警	
	VOC 检测仪	能自动检测现场挥发性有机化合物含量并进行报警	
	无线复合式气体检测仪	实时监测现场的可燃、有毒有害气体浓度，并将数据通过无线网络传输至主机	
个体防护装备	消防头盔	对救援人员的头部、面部及颈部进行安全防护	
	避火服	灭火救援作业时的身体防护，有效隔绝烈焰和高温灼伤	
	缓降器	使用者靠自重以一定的速度自动下降并能往复使用	
	自救呼吸器	有效地滤除火灾中产生的一氧化碳、二氧化碳等有毒气体。短时间内保证佩戴者正常呼吸，防止中毒	
	救生衣	适用于海（水）上施工作业、海上钻井平台等领域的逃生	

3 常用应急救援类防护装备佩戴、使用与维护保养

由于应急救援装备的多样性、复杂性，本书选取部分常用的、有代表性的应急救援装备进行介绍。

1. 正压式空气呼吸器

（1）使用前检查

使用前及日常管理中应对空气呼吸器进行检查，做好相应记录并保存一年，检查内容包括：

①检查全面罩。面罩及目镜破损的严禁使用。

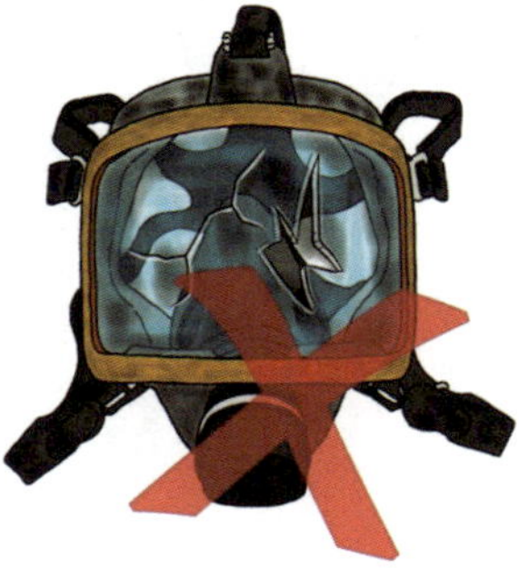

②检查面罩气密性是否良好。

③检查报警哨是否在规定条件下报警。

④开启气瓶阀检查储气压力，压力不得低于 28MPa，低于时及时补充。

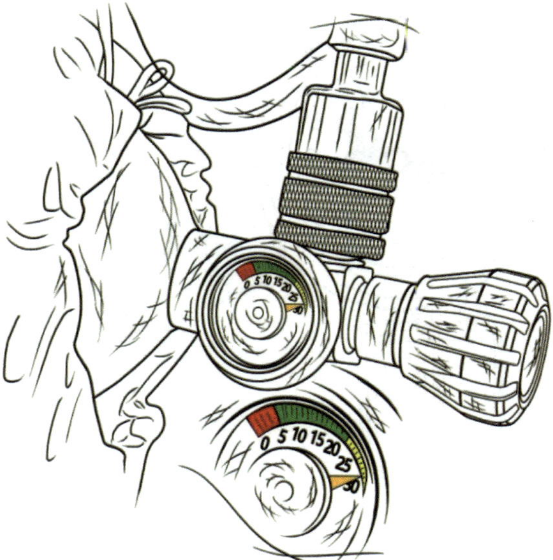

⑤深呼吸 2~3 次，对空气呼吸器管路进行气密性能检查。气密性能良好，打开气瓶阀，人体能正常呼吸方能投入使用。

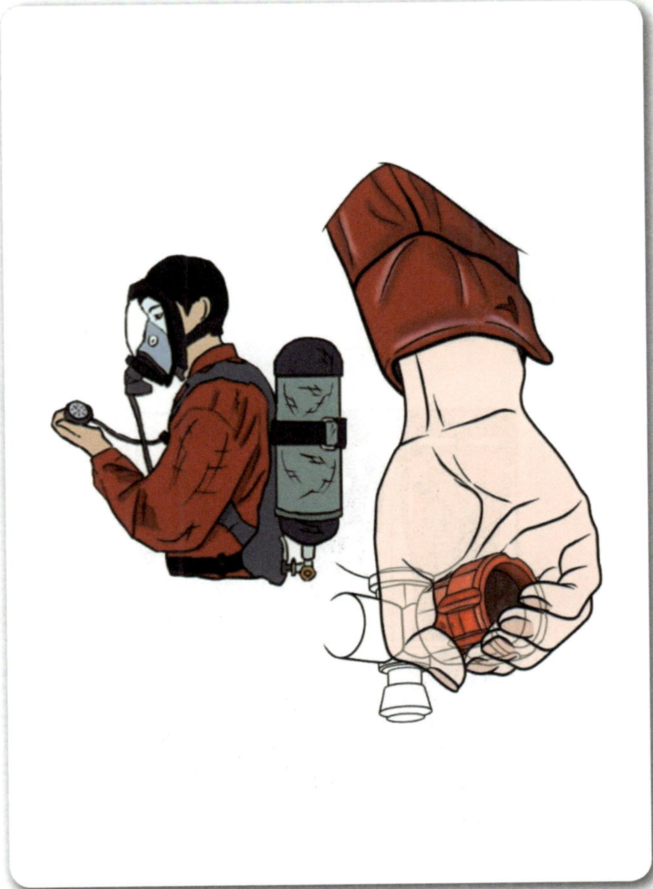

（2）穿戴步骤

①正常工作情况下

第一步，穿戴正压式空气呼吸器。

- 松开肩部束带；
- 双手拇指反向提起肩带；
- 双臂穿过肩带将呼吸器背负在背部；
- 双手扣住身体两侧的肩带 D 型环；
- 身体前倾，向后方拉紧 D 型环直到肩带及背架与身体充分贴合；
- 扣上腰带，拉紧。

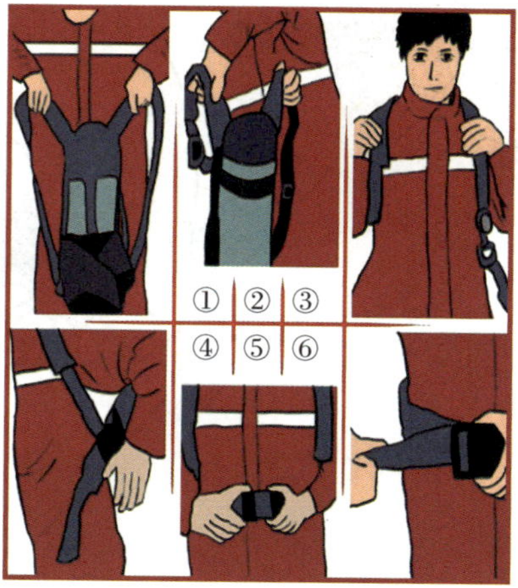

第二步，戴上全面罩。

● 松开头带，一只手托住面罩；

● 将面罩口鼻罩与面部完全贴合；

● 另一只手将头带后拉罩住头部；

● 两手同时收紧面罩左右对应的下方头带，同样再收紧上方头带。

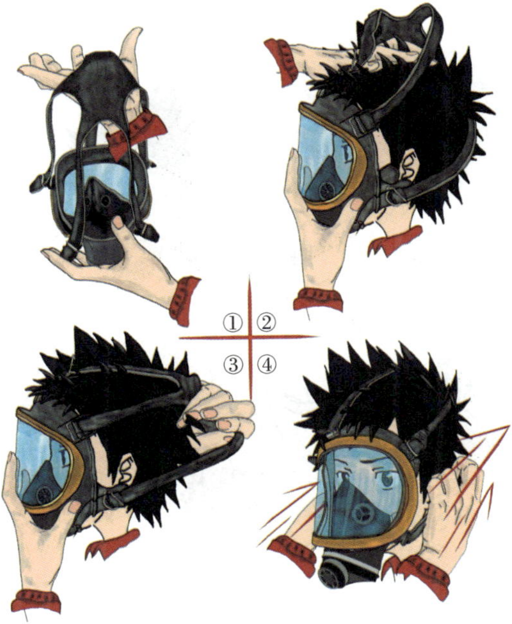

第三步，检查面罩的气密性。

用手掌封住面罩供气阀接口吸气。如果感到无法呼吸且面罩充分贴合无漏气情况则说明气密性良好。

确认气瓶阀打开。将供气阀推进面罩供气口，在听到“咔哒”的声音时则表示快速接口的两侧按钮已同时复位并正确连接，即可正常呼吸。

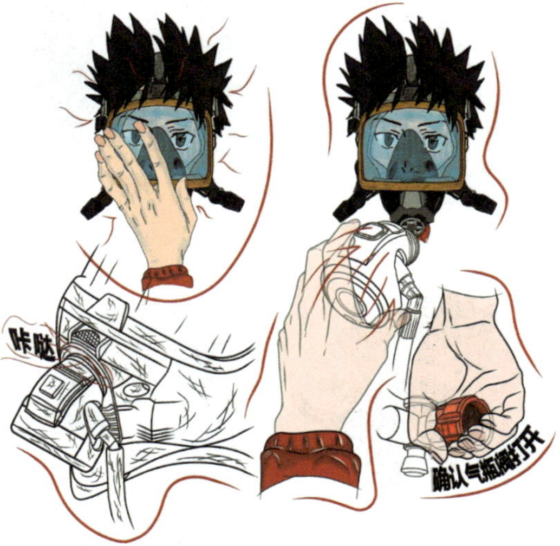

②有毒有害气体泄漏情况下

先戴上全面罩，连接气瓶，打开气瓶阀，建立呼吸；再穿戴正压式空气呼吸器。

（3）使用中注意事项

①根据预判作业时间，备足备用气源。若连续工作时间较长，应采用气瓶组或其他类型空气呼吸器。

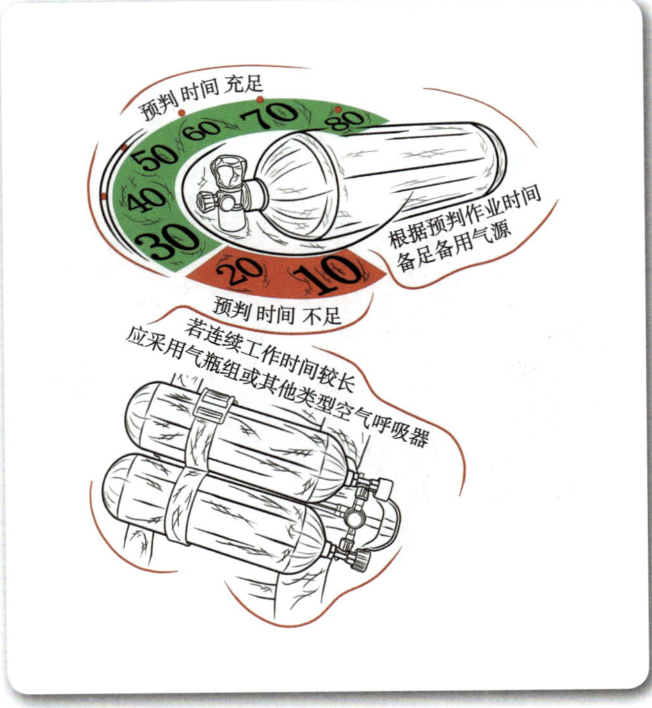

②使用空气呼吸器时应两人以上共同作业，一人作业，一人监护。

③进入密闭环境或有限空间作业，应同时配备防爆通信设备，保持与外部的联系。监护指挥人员要控制使用时间，及时提醒作业人员撤离工作现场。

④使用中出现下列情况应立即撤离有害环境：

- 空气呼吸器报警；
- 呼吸时感到有异味；
- 出现咳嗽、刺激、憋气、恶心等不适症状；
- 安全泄放装置排气；
- 部件损坏；
- 压力表出现不明原因的快速下降。

（4）维护和保养

①日常检查

日常检查的主要内容：

• 各部件不应有严重变形。

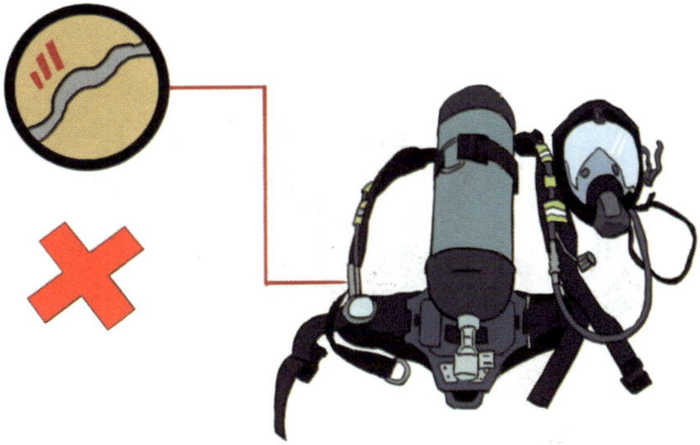

- 面罩密合框与佩戴者面部应贴合良好，无明显压痛感。

- 面罩视窗应具备防雾功能，清晰度良好。

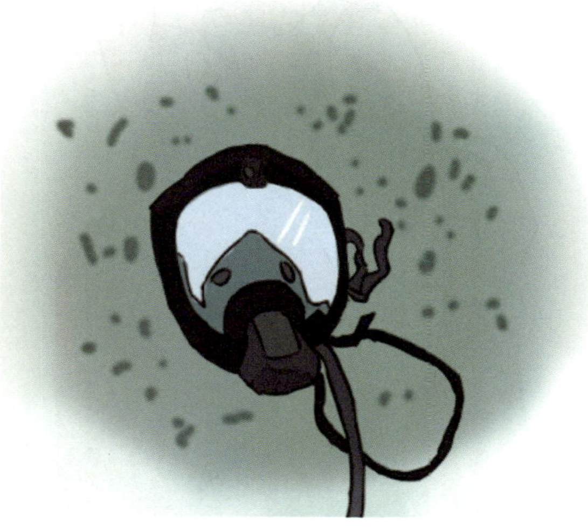

• 所有组件不允许有老化、开裂、异常收缩、脱胶、脆化现象。

• 气瓶外表面无变形、脱层、鼓包、暴露纤维等缺陷。气瓶阀输出端螺纹无损坏。

• 减压器输出压力调整装置设置的锁紧装置有效。

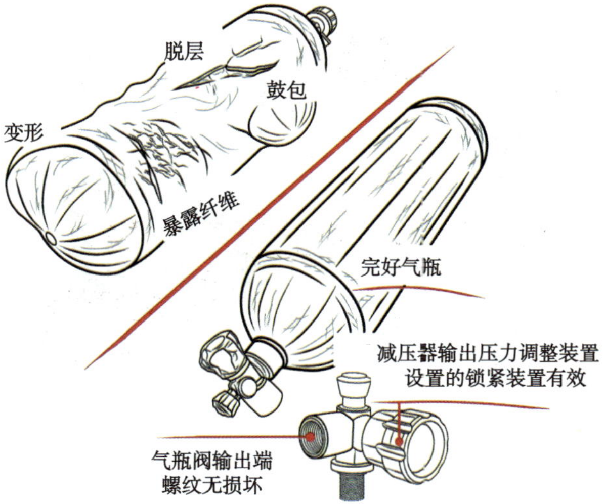

• 检查导气管、供气阀、减压器、面罩、背板及气瓶的使用年限及定期技术检测标识。

• 检查保管条件是否符合要求。

②保管

• 在方便使用者佩戴的固定位置存放空气呼吸器并设置醒目标志。

• 未清洗消毒、已使用、有故障或超过检测期限的空气呼吸器，应设置醒目标志，并与清洁的空气呼吸器分开存放。

● 气瓶检验、充装时，应及时补充备用气瓶。

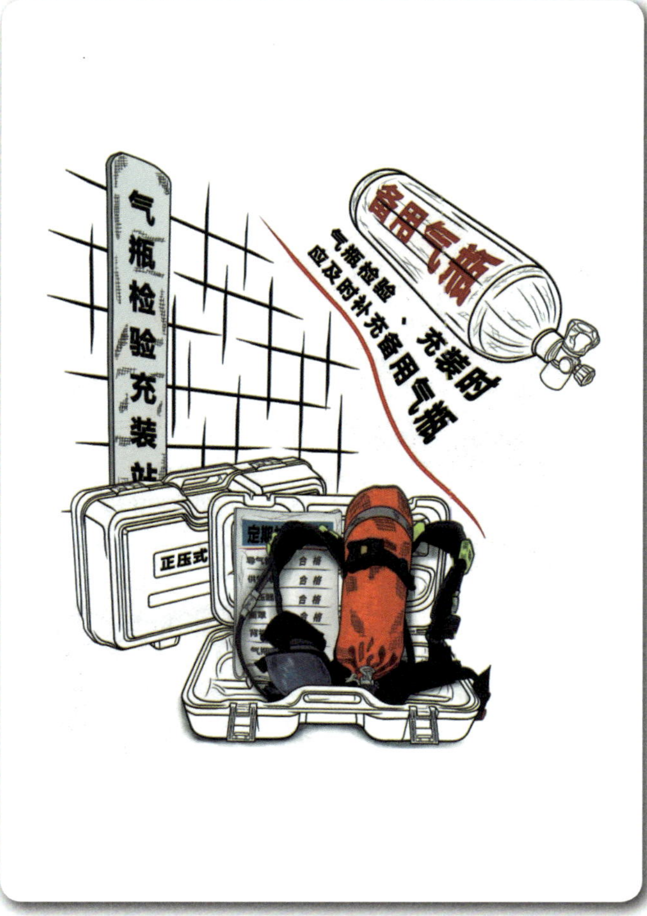

• 空气呼吸器宜保存在 0~30℃密闭干燥的保管柜中。注意防止潮湿，避免日光直射。有取暖设备时，空气呼吸器距离取暖设备应大于 1.5m。

③维护

- 面罩每次使用后应及时清洁或消毒，并定期清洗。

- 由经过培训的专门维护人员进行维护，不得擅自拆装、更换零部件。

2. 四合一式气体检测仪

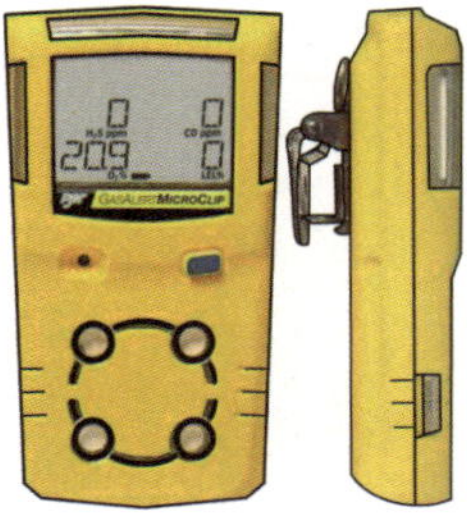

（1）佩戴和使用

常用的四合一式气体检测仪可以检测硫化氢、一氧化碳、甲烷和氧气，当其中任何一种有毒有害气体浓度超标时，气体检测仪会进行声光报警和振动报警。

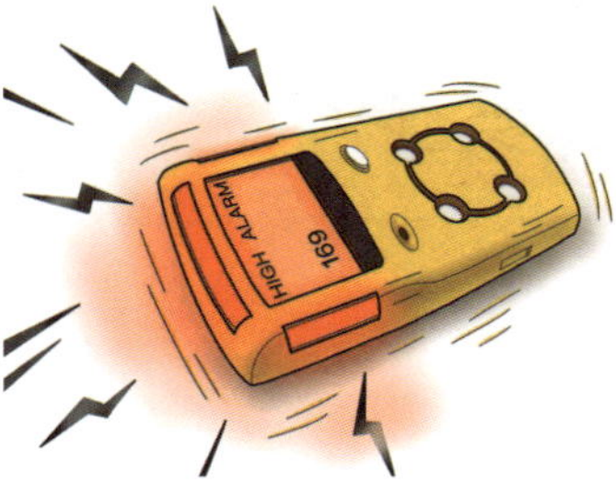

①佩戴

便携式仪器应佩戴在尽量接近口、鼻呼吸区域，如衣服前领口、上衣口袋等，不应放置于口袋内等位置，以免影响检测数值准确及报警声光信号的传出。

②报警处置

便携式仪器发生报警时应立即撤离，至安全区域后，确认是仪器自身故障还是现场发生泄漏报警，属于仪器自身故障的，应更换仪器后再进行作业；属于可燃和有毒有害气体发生泄漏的，相关人员应佩戴好个体防护装备并根据作业性质，按现场应急处置方案采取应急措施。

③使用中注意事项

• 充电或更换电池的操作应在非防爆区域进行。

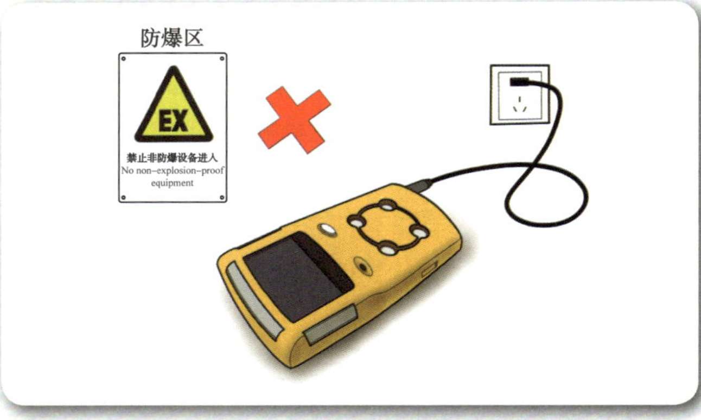

• 仪器发生跌落或其他损坏，可能会影响其防爆性能或检测性能，应立即由维修服务单位进行检查、维修。

• 在生产过程中环境氧气浓度可能出现欠氧或过氧的场所，可燃和有毒气体检测报警仪器应与氧气检测报警仪器同时使用。

• 对于充电电池的仪器不可过度消耗电池电量。对于使用干电池供电的仪器，如长期不用，应将电池取出。

• 严禁碰撞和直接用水冲洗气体检测报警仪器。

（2）维护和保养

①日常检查。便携式仪器的日常检查周期应根据实际使用情况和使用环境确定，连续使用的仪器应在每次使用前进行检查；使用频率较低的仪器应每周一次，使用前进行检查；储备的仪器应每月一次，使用前进行检查。检查包括以下内容：

• 仪器有无不正常的情况，例如故障、报警、非零读数等。

• 传感器部件有无堵塞或包覆现象，避免待测气体或蒸气到达仪器传感器时受阻碍，确保通过延长取样装置能正确取样。

• 电池电力情况，必要时进行及时地调整和电池更换。

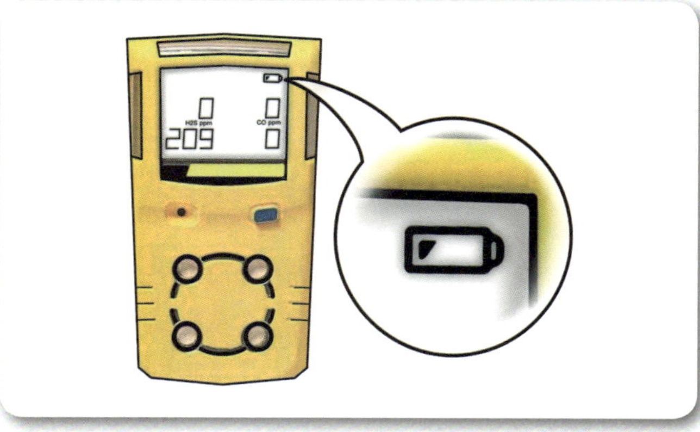

• 其他功能性检查。

②可燃气体、有毒气体检测报警器的检定周期一般不超过一年，根据气候变化和作业环境条件，关键岗位应缩短仪器的检定 / 校准周期。

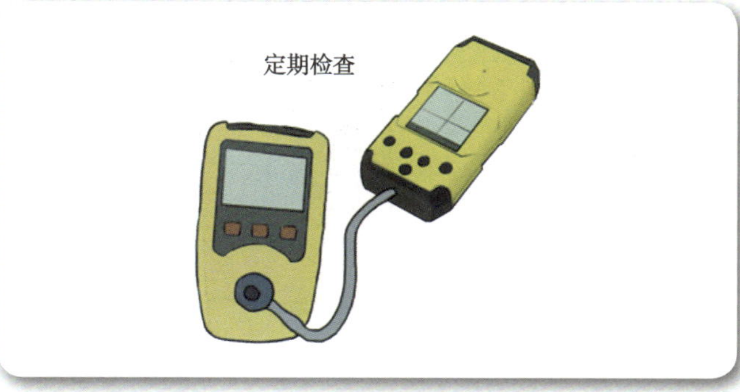

③更换电池前，关闭仪器，并且使仪器和充电器断开；换传感器前，首先取出电池，拔下传感器时，特别要记住传感器的位置，并注意传感器插脚的方向。

④存放和保养。注意以下：

- 清洁仪器时可用软布清洁，不要使用洗涤剂或化学溶剂。严禁直接用水冲洗气体检测报警仪器。

- 检测仪应放在通风、干燥、不含腐蚀性气体的室内。

3. 固定式气体检测仪

（1）使用

①报警处置

当作业场所的固定式可燃气体和有毒气体检测报警器发出报警信号时，现场操作人员应及时确认报警信号的真实性，并迅速确定可燃气体和有毒气体的泄漏及积聚位置或区域，不得随意消除报警。

②使用中注意事项

固定式可燃和有毒气体检测报警信号应传输至有人值守的现场控制室、中心控制室等进行显示报警，有毒气体和可燃气体同时报警时，有毒气体报警级别应优先。

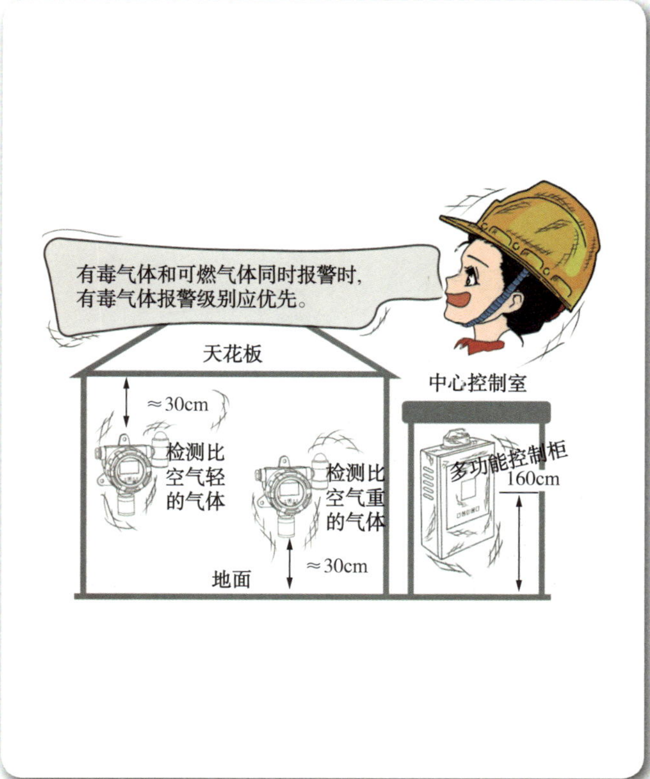

（2）维护和保养

①日常检查。应对可燃和有毒气体检测报警仪器进行日常巡回检查，检查周期应不超过 3 个月，检查内容主要包括：

a）气体检测报警仪外观是否完好；

b）检测器防雨罩功能是否完善；

c）声光报警和指示是否正常；

d）连接部件是否松动；

e）检测器部件是否堵塞；

f）气体检测报警仪二次仪表和专用控制系统运行情况。

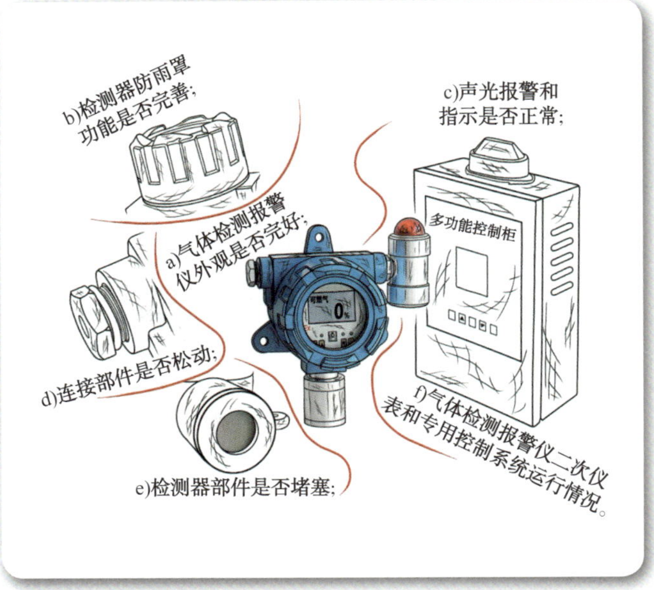

②应定期通过自检功能对固定式仪器的控制和报警单元进行检查，确保其灯光、报警和电路正常运行，检查周期不超过 3 个月。

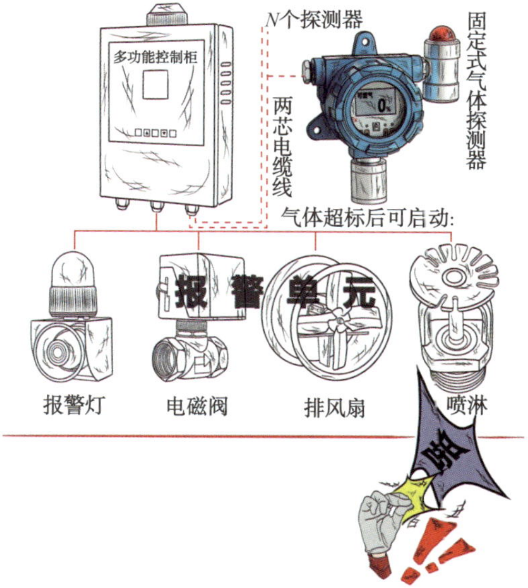

③每次检查都应记录并归档，发现问题应立即处理。

4. 移动式气体检测仪

（1）使用

①使用环境

对于一些不具备设置固定式可燃气体或有毒气体检测器的场所，如：环境湿度过高；环境温度过低；或在正常情况下视为非爆炸或无毒区，生产检修时可能为爆炸或有毒危险区等，应配备移动式可燃气体或有毒气体检测报警器。

②使用前检查

移动式仪器每次使用之前应进行检查，确保仪器处于良好状态。检查的基本步骤按照以下顺序进行：

a）在检定 / 校准有效期内；

b）整机及配套设备正常无损坏；

c）电池电压正常；

d）开机自检正常；

e）显示正常；

f）报警功能正常；

g）延长取样管及过滤装置正确连接并无泄漏或堵塞；

h）数据传输正常。

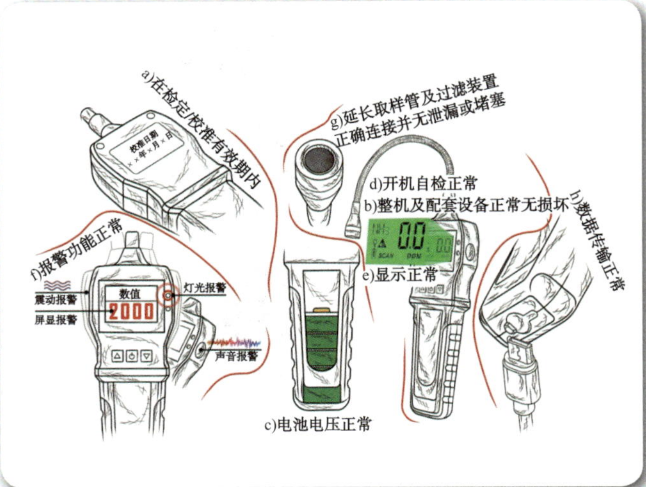

③报警处置

移动式仪器作为替代固定式仪器使用时，报警处置遵循固定式气体检测仪报警处置的相关规定。

移动式仪器用于受限空间作业等过程环境监测时，报警处置遵循便携式气体检测仪报警处置的相关规定。

④使用中注意事项

a）在使用过程中发现电量不足，应转移至安全区域充电或更换电池。

b）仪器发生跌落或其他损坏，可能会影响其防爆性能或检测性能，应立即由维修服务单位进行检查、维修。

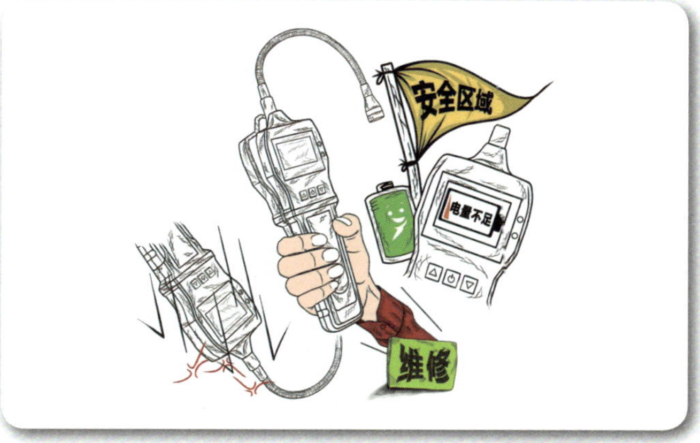

（2）维护和保养

参照四合一式气体检测仪进行维护保养。

4

典型事故案例

1. 某试油队操作工一氧化碳中毒事故

事故经过：

某试油队在井口进行压裂施工过程中，因循环出口水笼带与储罐连接由壬丢失，操作工王某入罐进行捆绑作业，入罐后昏倒。2 名同班作业人员发现后，佩戴过滤式防硫化氢面具，先后进入罐内救人，相继昏倒，经抢救无效死亡。

事故原因：

现场没有配备气体检测仪和正压式空气呼吸器等设施，紧急情况下员工错误佩戴过滤式防硫化氢面具救人，造成事故扩大。

快戴上过滤式防硫化氢面具
咱们进罐救人
好
CO
储罐
严
禁

CO
CO
6400
快出来，
里面是一氧化碳气体。
佩戴过滤式防硫化氢面具是错误的，
应该配备气体检测仪和正压式空气呼吸器。
糟糕！
快来救人，
CO中毒了！
储罐
严
禁

2. 某公司中毒淹溺事故

事故经过：

某公司 4 名施工人员于某等人，来到污水泵房污水沉淀池进行清污作业。在安全措施未到位的情况下，于某擅自下池清理杂物，坠落池中，其余 3 人见状施救，均中毒昏迷，抢救无效死亡。

事故原因：

于某违章进入受限空间，吸入高浓度硫化氢气体中毒；后续人员未佩戴应急救援装备，盲目施救，导致事故扩大。

啊！！
不好！！
赶紧下来救他！
池内有硫化氢
全部中毒身亡